サイパー思考力算数練習帳シリーズ

シリーズ４９

流 水 算

船の速さ、川の流れる速さ、川を上るとき、下るときのそれぞれの船の速さ

小数範囲：小数の四則計算が正確にできること
速さの単位換算が正確にできること
旅人算、つるかめ算が理解できていること

◆ **本書の特長**

1、速さ、旅人算の応用である「流水算」につ□□□□□□□□□ています。

2、自分ひとりで考えて解ける♪□□□□□□□□□□□□□□他のサイパー思考力算数練習帳と
同様に、**教え込まなくても学**□□□□□□□□□□□□□□□□□

3、船が川を上るときの速さ、下□□□□□□□□□□□□、またそれらの関係について詳しく説
明しています。速さの基本およ□□□□□ついては、シリーズ8「速さと旅人算」で、つるかめ
算については、シリーズ１１「つるかめ算・差集め算の考え方」で学習して下さい。

◆ **サイパー思考力算数練習帳シリーズについて**

　ある問題について同じ種類・同じレベルの問題をくりかえし練習することによって、確かな定着が
得られます。

　そこで、中学入試につながる文章題について、同種類・同レベルの問題をくりかえし練習すること
ができる教材を作成しました。

◆ **指導上の注意**

① 解けない問題、本人が悩んでいる問題については、お母さん（お父さん）が説明してあげて下さい。
その時に、できるだけ具体的なものにたとえて説明してあげると良くわかります。

② お母さん（お父さん）はあくまでも補助で、問題を解くのはお子さん本人です。お子さんの達成
感を満たすためには、「解き方」から「答」までの全てを教えてしまわないで下さい。教える場合
はヒントを与える程度にしておき、本人が自力で答を出すのを待ってあげて下さい。

③ お子さんのやる気が低くなってきていると感じたら、無理にさせないで下さい。お子さんが興味
を示す別の問題をさせるのも良いでしょう。

④ 丸付けは、その場でしてあげて下さい。フィードバック（自分のやった行為が正しいかどうか評
価を受けること）は早ければ早いほど、本人の学習意欲と定着につながります。

もくじ

流水算 1

用語の説明

　流水算（りゅうすいざん）では、次のような言葉を使いますので、覚えておきましょう。

　静水時（せいすいじ）の速さ（はや）：池や湖など、水が流れていない場所での船の速さ。
　上り（のぼ）の速さ：川の下流から上流に向かって、川の流れに逆らって上る時の船の速さ。
　下り（くだ）の速さ：川の上流から下流に向かって、川の流れにそって下る時の船の速さ。
　川の流れの速さ：川の水が上流から下流に向かって流れている速さ。

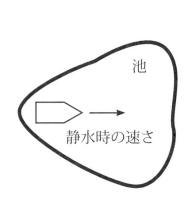

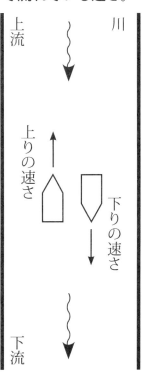

例題１、 静水時の速さが時速（じそく）５km の船が、時速２km で流れている川を下る時、そ
　の速さ（下りの速さ）はいくらになりますか。

　川を下る時には船の静水時の速さに、川の流れの速さが加わり、静水時より速くなります。

　　　　　５km/ 時＋２km/ 時＝７km/ 時　（※ ７km/ 時（きろめーとるまいじ）＝時速７km）

　　　　　　　　　　　　　　　　　　　　　　　　　答、＿＿＿時速７km＿＿＿

流水算1

例題２、静水時の速さが時速５km の船が、時速２km で流れている川を上る時、その速さ（上りの速さ）はいくらになりますか。

　例題１とは反対に、川を上る時には、船の静水時の速さより川の流れの速さのぶんだけ遅^{おそ}くなります。

　　　　５km/ 時－２km/ 時＝３km/ 時

　　　　　　　　　　　　　　　　　　　答、＿＿時速３km＿＿

　船の静水時の速さより川の流れの速さの方がはやかった場合、船は川を上ることができず、下流に流されることになります。

　※以下の式が成り立ちます。

　　　下りの速さ＝静水時の速さ＋川の流れの速さ
　　　上りの速さ＝静水時の速さ－川の流れの速さ

　　　　（静水時の速さより川の流れの速さがはやい時は

　　　　「川の流れの速さ－静水時の速さ」で下流に流される）

例題３、３０km 離れた、川の上流のＡ町から下流のＢ町まで、静水時の速さが時速４km の船で下ることにします。川の流れの速さが時速２km のとき、Ａ町からＢ町まで何時間かかりますか。

　下りの速さ＝静水時の速さ＋川の流れの速さ　なので
　　　下りの速さ＝４km/ 時＋２km/ 時＝６km/ 時
　　　３０km ÷６km/ 時＝５時間

　　　　　　　　　　　　　　　　　　　答、＿＿５時間＿＿

例題４、１２km 離れた、川の下流のＢ町から上流のＡ町まで、静水時の速さが時速５km の船で上ることにします。川の流れの速さが時速３km のとき、Ａ町からＢ町まで何時間かかりますか。

流水算1

上りの速さ＝静水時の速さ－川の流れの速さ　なので

上りの速さ＝５km/時－３km/時＝２km/時

１２km÷２km/時＝６時間

答、＿＿＿６時間＿＿＿

◆　　◆　　◆　　◆　　◆　　◆　　◆

問題１、川の上流のＡ町から下流のＢ町まで３６km離れています。川の流れの速さは時速１km です。この川を静水時の速さ時速５km の船で移動します。

①　Ａ町からＢ町まで川を下るとき、何時間かかりますか。

式

答、＿＿＿＿＿＿時間

②　Ｂ町からＡ町まで川を上るとき、何時間かかりますか。

式

答、＿＿＿＿＿＿時間

◆　　◆　　◆　　◆　　◆　　◆　　◆

例題５、 ３２km 離れた上流のＡ町から下流のＢ町まで、静水時の速さが時速５km の船で下ったところ４時間かかりました。川の流れの速さは時速何 km ですか。

３２km÷４時間＝８km/時…これは下りの速さになります

下りの速さ＝静水時の速さ＋川の流れの速さ　なので、川の流れの速さは

８km/時－５km/時＝３km/時

答、＿＿＿時速３km＿＿＿

流水算１

例題６、流れの速さが時速２km の川の下流のＢ町から上流のＡ町まで、静水時の速さが時速５.５km の船で上ったところ６時間かかりました。Ａ町からＢ町まで何km 離れていますか。

　　　　５.５km/時－２km/時＝３.５km/時…上りの速さ
　　　　３.５km/時×６時間＝２１km

　　　　　　　　　　　　　　　　　　　　　　　答、＿＿＿２１km＿＿＿

◆　　　　◆　　　　◆　　　　◆　　　　◆　　　　◆　　　　◆

問題２、３３km 離れた上流のＡ町から下流のＢ町まで、静水時の速さが時速４km の船で下ったところ６時間かかりました。川の流れの速さは時速何 km ですか。

　式

　　　　　　　　　　　　　　　　　　　答、＿時速＿＿＿＿＿km＿

問題３、１８km 離れた下流のＢ町から上流のＡ町まである船で上ったところ９時間かかりました。川の流れの速さは時速２km だったとき、ある船の静水時の速さは時速何 km でしたか。

　式

　　　　　　　　　　　　　　　　　　　答、＿時速＿＿＿＿＿km＿

問題４、流れの速さが時速２.５km の川の下流のＢ町から上流のＡ町まで、静水時の速さが時速４.５km の船で上ったところ３時間かかりました。Ａ町からＢ町まで何 km 離れていますか。

　式

流水算1

答、＿＿＿＿＿km

問題５、流れの速さが時速２．２５kmの川の上流のＡ町から下流のＢ町まで、静水
　　時の速さが時速５．２５kmの船で下ったところ５時間かかりました。Ａ町からＢ
　　町まで何km離れていますか。
　　式

答、＿＿＿＿＿km

◆　　　◆　　　◆　　　◆　　　◆　　　◆　　　◆

例題７、３６km離れた、上流のＡ町と下流のＢ町があります。たろう君はＡ町から
　　Ｂ町に向かって静水時の速さが時速４kmの船で下ります。じろう君はＢ町からＡ
　　町に向かって静水時の速さが時速５kmの船で上ります。川の流れの速さが時速２
　　kmで、２人が同時に出発したとすると、２人が出会うのは何時間後ですか。

　　これは旅人算※の問題です。
　　向かい合わせに進む時には、２人の速さの和が
出会う速さになります。

（※ 「旅人算」については「サイ
パー思考力算数練習帳シリーズ８
速さと旅人算」を参照してください）

　　この時、次ページの図からわかるように、「たろうの静水時の速さ＋じろうの静水
時の速さ」は「たろうの下りの速さ＋じろうの上りの速さ」と等しくなりますので、
出会う速さ（２人の速さの和）を求めるときに「川の流れの速さ」を考える必要はあ
りません。（この問題は「川の流れの速さ」がわからなくても解けます。）

流水算1

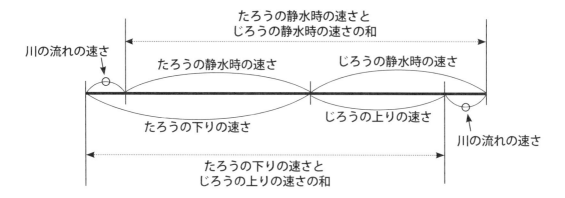

$4 \, km/時 ＋ 5 \, km/時 ＝ 9 \, km/時$

$36 \, km ÷ 9 \, km/時 ＝ 4 \, 時間$

答、＿＿＿4時間後＿＿＿

例題8、 A町と、そこから21km下流のB町があります。たろう君は静水時の速さ
が時速8kmの船でA町から、じろう君は静水時の速さが時速5kmの船でB町か
ら、それぞれ川を下ります。川の流れの速さが時速3kmのとき、2人が同時に出
発すると、たろう君がじろう君に追いつくのは何時間後ですか。

これも旅人算※の問題ですね。

同じ方向に進む時には、2人の速さの差が追いつく速さになります。

この時、どちらの速さも「静水時の速さ＋川の流れの速さ」ですから、追いつく速
さ（2人の速さの差）を求めるときに「川の流れの速さ」を考える必要はありません。
（この問題は「川の流れの速さ」がわからなくても解けます。）

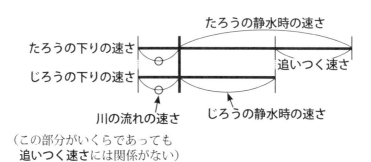

（この部分がいくらであっても
追いつく速さには関係がない）

　　　　８km/ 時－５km/ 時＝３km/ 時…追いつく速さ

　　　　２１km ÷３km/ 時＝７時間

答、　　　７時間後　　

例題９、１２.５km 離れた、上流のＡ町と下流のＢ町があります。たろう君は静水
　　時の速さが時速２km の船でＡ町から、じろう君は静水時の速さが時速７km の船
　　でＢ町から、それぞれ川を上ります。２人が同時に出発すると、じろう君がたろ
　　う君に追いつくのは何時間何分後ですか。

　　例題８と同じように、「川の流れの速さ」がいくらであっても、２人が追いつく速
さは２人の静水時の速さの差になります。

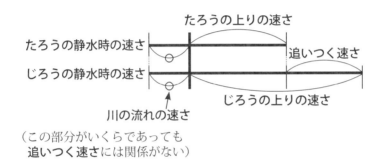

　　　　７km/ 時－２km/ 時＝５km/ 時…追いつく速さ

　　　　１２.５km ÷５km/ 時＝２.５時間

　　　　０.５時間＝０.５×６０＝３０分

答、　　２時間３０分後　　

◆　　　　◆　　　　◆　　　　◆　　　　◆　　　　◆　　　　◆

問題６、４９km 離れた上流のＡ町と下流のＢ町があります。たろう君はＡ町からＢ
　　町に向かって、じろう君はＢ町からＡ町に向かって、ともに静水時の速さが時速
　　７km の船で移動します。２人が同時に出発したとすると、２人が出会うのは何時
　　間後ですか。（式と解答は次のページに）

流水算１

式

答、_____時間後

問題７、２７km 離れた上流のＡ町と下流のＢ町があります。たろう君はＡ町からＢ町に向かって静水時の速さが時速３km の船で川を下ります。じろう君はＢ町からＡ町に向かって船で川を上ります。２人が同時に出発すると、２人は３時間後に出会いました。じろう君の船の静水時の速さは時速何 km ですか。

式

答、_時速_____km

問題８、上流のＡ町と下流のＢ町があります。たろう君はＡ町からＢ町に向かって静水時の速さが時速４.５km の船で川を下ります。じろう君はＢ町からＡ町に向かって静水時の速さが時速３.５km の船で川を上ります。２人が同時に出発すると、２人は５時間半後に出会いました。Ａ町とＢ町は何 km 離れていますか。

式

答、_____km

流水算１

問題９、Ａ町と、そこから２１.７km下流のＢ町があります。たろう君は静水時の速さが時速８.２kmの船でＡ町から、じろう君は静水時の速さが時速４.７kmの船でＢ町から、それぞれ川を下ります。２人が同時に出発すると、たろう君がじろう君に追いつくのは何時間何分後ですか。

式

答、＿＿＿＿＿時間＿＿＿＿＿分後

問題１０、上流のＡ町と下流のＢ町があります。じろう君はＢ町から静水時の速さが時速５.４kmの船で、たろう君は静水時の速さが時速３.９kmの船でＡ町から、それぞれ川を上ります。２人が同時に出発すると、２時間４０分後にじろう君はたろう君に追いつきました。Ａ町からＢ町まで何km離れていますか。

式

答、＿＿＿＿＿km

問題１１、６km離れた、上流のＡ町と下流のＢ町があります。たろう君は静水時の速さが時速１.５６kmの船でＡ町から、じろう君はたろう君より速い船でＢ町から、それぞれ川を上ります。２人が同時に出発すると、じろう君はたろう君に４時間１０分後に追いつきました。じろう君の船の静水時の速さは時速何kmですか。

式

答、時速＿＿＿＿＿km

テスト１　（各１０点×１０）

点

テスト１－１、流れの速さが時速１．２kmの川の上流のＡ町から下流のＢ町まで、静水時の速さが時速４．３kmの船で下ったところ４時間かかりました。Ａ町からＢ町まで何km離れていますか。

式

答、＿＿＿＿＿＿km

テスト１－２、２７km離れた上流のＡ町から下流のＢ町まで、静水時の速さが時速３kmの船で下ったところ６時間かかりました。川の流れの速さは時速何kmですか。

式

答、時速＿＿＿＿＿km

テスト１－３、２８km離れた下流のＢ町から上流のＡ町まである船で上ったところ８時間かかりました。川の流れの速さは時速３kmだったとき、ある船の静水時の速さは時速何kmでしたか。

式

答、時速＿＿＿＿＿km

テスト１－４、流れの速さが時速２kmの川の下流のＢ町から上流のＡ町まで、静水時の速さが時速５．５kmの船で上ったところ５時間かかりました。Ａ町からＢ町まで何km離れていますか。

式

答、＿＿＿＿＿＿km

テスト1

テスト1-5、たろう君は上流のA町から下流のB町に向かって静水時の速さが時速
3.25kmの船で川を下ります。じろう君はB町からA町に向かって静水時の速
さが時速4.75kmの船で川を上ります。2人が同時に出発すると、2人は3時
間15分後に出会いました。A町とB町は何km離れていますか。

式

答、＿＿＿＿＿＿km

テスト1-6、24km離れた上流のA町と下流のB町があります。たろう君はA町
からB町に向かって、じろう君はB町からA町に向かって、ともに静水時の速さ
が時速5kmの船で移動します。2人が同時に出発したとすると、2人が出会うの
は何時間何分後ですか。

式

答、＿＿＿＿時間＿＿＿＿分後

テスト1-7、35km離れた上流のA町と下流のB町があります。たろう君はA町
からB町に向かって静水時の速さが時速2.5kmの船で川を下ります。じろう君
はB町からA町に向かって船で川を上ります。2人が同時に出発すると、2人は
5時間後に出会いました。じろう君の船の静水時の速さは時速何kmですか。

式

答、時速＿＿＿＿km

テスト１

テスト１－８、１１km 離れた、上流のＡ町と下流のＢ町があります。じろう君は静水時の速さが時速２．３８km の船でＡ町から、たろう君はじろう君より速い船でＢ町から、それぞれ川を上ります。２人が同時に出発すると、たろう君はじろう君に４時間後に追いつきました。たろう君の船の静水時の速さは時速何 km ですか。

式

答、＿＿＿時速＿＿＿＿＿km＿

テスト１－９、Ａ町と、そこから１２．６km 下流のＢ町があります。たろう君は静水時の速さが時速６．８km の船でＡ町から、じろう君は静水時の速さが時速４．４km の船でＢ町から、それぞれ川を下ります。２人が同時に出発すると、たろう君がじろう君に追いつくのは何時間何分後ですか。

式

答、＿＿＿＿＿時間＿＿＿＿分後＿

テスト１－１０、上流のＡ町と下流のＢ町があります。たろう君はＢ町から静水時の速さが時速５．３km の船で、じろう君は静水時の速さが時速２．８km の船でＡ町から、それぞれ川を上ります。２人が同時に出発すると、３時間３６分後にたろう君はじろう君に追いつきました。Ａ町からＢ町まで何 km 離れていますか。

式

答、＿＿＿＿＿＿km＿

流水算2

例題１０、２１km離れた上流のＡ町から下流のＢ町まで船で下ると３時間かかり、同じ船で上ると７時間かかります。川の流れの速さと船の静水時の速さはそれぞれ時速何kmですか。（川の流れの速さ、静水時の速さは一定とします。以下同じ）

　上りの速さ・下りの速さ・静水時の速さ、および川の流れの速さには、次のような関係があります。

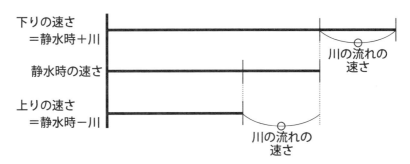

これを整理して書きかえると

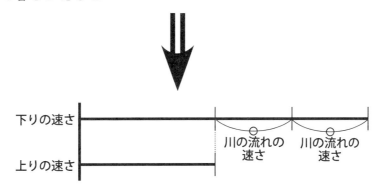

　この線分図からわかるように、**下りの速さと上り速さの差は、川の流れの速さ２つ分**になります。したがって

★１　（下りの速さ－上りの速さ）÷２＝川の流れの速さ
　　　川の流れの速さ×２＝下りの速さ－上りの速さ

また、線分図を次のように書きかえると

流水算2

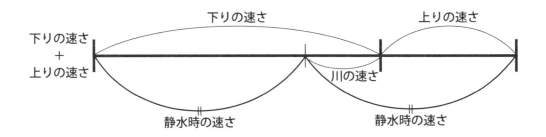

下りの速さと上りの速さの和は、静水時の速さ2つ分になります。したがって

★2　（下りの速さ＋上りの速さ）÷2＝静水時の速さ
　　　静水時の速さ×2＝下りの速さ＋上りの速さ

となります。
　この2つの★印の式は流水算において非常に重要ですので、必ず覚えてしまいましょう。

　例題10において

　下りの速さ：21km÷3時間＝7km/時
　上りの速さ：21km÷7時間＝3km/時

です。これらを★1の式に当てはめると、川の流れの速さが求まります。

　　　（7km/時－3km/時）÷2＝2km/時…川の流れの速さ

同じく★2の式に当てはめると、船の静水時の速さが求まります。

　　　（7km/時＋3km/時）÷2＝5km/時…静水時の速さ

　　　答、　　川の流れの速さ　時速2km、　船の静水時の速さ　時速5km

流水算 2

☆整理します。

> 静水時の速さ＋川の流れの速さ＝下りの速さ　…式❶
>
> 静水時の速さ－川の流れの速さ＝上りの速さ　…式❷
>
> （下りの速さ－上りの速さ）÷２＝川の流れの速さ　…式❸
>
> 川の流れの速さ×２＝下りの速さ－上りの速さ　…式❹
>
> （下りの速さ＋上りの速さ）÷２＝静水時の速さ　…式❺
>
> 静水時の速さ×２＝下りの速さ＋上りの速さ　…式❻

この６つの式は、非常に重要なので、覚えてしまいましょう！

例題１１、２４km 離れた上流のＡ町と下流のＢ町の間を、ある船で下ると３時間か
かり、同じ船で上ると６時間かかります。この川を別のボートでＢ町からＡ町ま
で上ると、ちょうど１日かかりました。ボートの静水時の速さは時速何 km でしょ
う。

まず、ボートで川を上った時の速さを出します。

　　　１日＝２４時間
　　　２４km÷２４時間＝１km/ 時…ボートの上りの速さ

次に流れの船の速さを出します。

　　　下りの速さ：２４km÷３時間＝８km/ 時
　　　上りの速さ：２４km÷６時間＝４km/ 時
　　　（８km/ 時－４km/ 時）÷２＝２km/ 時…川の流れの速さ（式❸）

ボートの静水時の速さは

　　　１km/ 時＋２km/ 時＝３km/ 時

答、＿＿＿時速３km＿＿＿

流水算2

例題１２、３２km 離れた上流のＡ町と下流のＢ町の間を、静水時の速さが６km の
　船で移動します。下るときの速さは上るときの速さの２倍でした。この船でＡ町
　からＢ町まで下るのに、何時間かかりますか。

　静水時の速さが時速６km だとわかっているので、「上りの速さ＋下りの速さ」を
求めることができます。

　　　　６km/時×２＝１２km/時…上りの速さ＋下りの速さ（式❻）

下りの速さは上りの速さの２倍なので

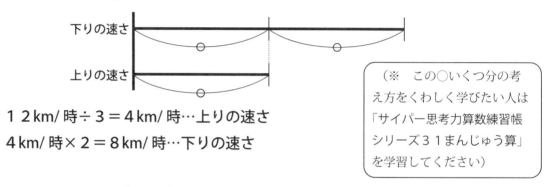

　　　１２km/時÷３＝４km/時…上りの速さ

　　　４km/時×２＝８km/時…下りの速さ

（※　この○いくつ分の考
え方をくわしく学びたい人は
「サイパー思考力算数練習帳
シリーズ３１まんじゅう算」
を学習してください）

　　　３２km÷８km/時＝４時間

答、＿＿＿４時間＿＿＿

◆　　　◆　　　◆　　　◆　　　◆　　　◆　　　◆

問題１２、１２km 離れた上流の上流のＡ町と下流のＢ町の間を、ある船で下ると２
　時間かかり、同じ船で上ると４時間かかります。川の流れの速さと船の静水時の
　速さはそれぞれ時速何 km ですか。

　式

答、　川：時速　　　　　　km、　船の静水時：時速　　　　　　km

流水算２

問題１３、３８．５km 離れた上流のＡ町と下流のＢ町の間を、ある船で下ると５時間５０分かかり、同じ船で上ると１２時間５０分かかります。川の流れの速さと船の静水時の速さはそれぞれ分速何 m ですか。

式

答、　川：分速 _____ m、　船の静水時：分速 _____ m

問題１４、１８km 離れた上流の上流のＡ町と下流のＢ町の間を、ある船で下ると１時間かかり、同じ船で上ると１時間４０分かかります。川の流れの速さと船の静水時の速さはそれぞれ秒速何 m ですか。

式

答、　川：秒速 _____ m、　船の静水時：秒速 _____ m

問題１５、２４km 離れた上流のＡ町と下流のＢ町の間を、ある船で下ると３時間かかり、同じ船で上ると１２時間かかります。この川を別のボートでＡ町からＢ町まで下ると、４時間４８分かかりました。ボートの静水時の速さは時速何 km ですか。

式

答、　時速 _____ km

流水算 2

問題１６、４５km 離れた上流のＡ町と下流のＢ町の間を、ある船で下ると５時間か
かり、同じ船で上ると９時間かかります。この川を静水時の速さが時速４kmのボー
トでＡ町からＢ町まで下ると何時間かかりますか。

式

答、＿＿＿＿＿＿＿＿＿時間

問題１７、２７km 離れた上流のＡ町と下流のＢ町の間を、静水時の速さが時速
７．５km の船で移動します。下るときの速さは上るときの速さの４倍でした。こ
の船でＢ町からＡ町まで上るのに、何時間かかりますか。

式

答、＿＿＿＿＿＿＿＿＿時間

テスト２　（各１０点×１０）

テスト２－１、１２km 離れた上流のＡ町と下流のＢ町の間を、ある船で下ると２時間かかり、同じ船で上ると１２時間かかります。川の流れの速さと船の静水時の速さはそれぞれ時速何 km ですか。
（５点×２）

式

答、　川：時速　　　　　　km、　船の静水時：時速　　　　　　km

テスト２－２、１０.８km 離れた上流のＡ町と下流のＢ町の間を、ある船で下ると１時間かかり、同じ船で上ると２時間１５分かかります。川の流れの速さと船の静水時の速さはそれぞれ分速何 m ですか。（５点×２）

式

答、　川：分速　　　　　　m、　船の静水時：分速　　　　　　m

テスト２－３、２０.９km 離れた上流のＡ町と下流のＢ町の間を、ある船で下ると１時間３１分４０秒かかり、同じ船で上ると２時間３８分２０秒かかります。川の流れの速さと船の静水時の速さはそれぞれ秒速何 m ですか。（５点×２）

式

答、　川：秒速　　　　　　m、　船の静水時：秒速　　　　　　m

テスト2

テスト2－4、５５km離れた上流のＡ町と下流のＢ町の間を、ある船で下ると１１時間かかり、同じ船で上ると２５時間かかります。この川を別のボートでＡ町からＢ町まで下ると、１３時間４５分かかりました。ボートの静水時の速さは時速何kmですか。（１０点）

式

答、時速＿＿＿＿＿＿＿＿＿km

テスト2－5、２０km離れた上流のＡ町と下流のＢ町の間を、ある船で下ると３時間２０分、同じ船で上ると８時間２０分かかります。この川を静水時の速さが時速３kmのボートでＡ町からＢ町まで下ると何時間何分かかりますか。（１０点）

式

答、＿＿＿＿＿＿＿＿＿時間＿＿＿＿分

テスト2－6、７.１４km離れた上流のＡ町と下流のＢ町の間を、ある船で下ると１時間２４分、同じ船で上ると３時間２４分かかります。この川を静水時の速さが分速３５mのボートでＡ町－Ｂ町を１往復すると何時間何分かかりますか。（１０点）

式

答、＿＿＿＿＿＿＿＿＿時間＿＿＿＿分

テスト2

テスト2ー7、60km 離れた上流のA町と下流のB町の間を、静水時の速さが時速
9km の船で移動します。下るときの速さは上るときの速さの2倍でした。この船
でA町からB町まで下るのに、何時間かかりますか。

式

答、＿＿＿＿＿＿＿時間

テスト2ー8、18km 離れた上流のA町と下流のB町の間を、静水時の速さが時速
5km の船で移動します。下るときの速さは上るときの速さの4倍でした。この船
でB町からA町まで上るのに、何時間かかりますか。

式

答、＿＿＿＿＿＿＿時間

テスト2－9、１２km 離れた上流の上流のＡ町と下流のＢ町の間を、流れの速さが時速１．５km の川を船で移動します。下るときの速さは上るときの速さの３倍でした。この船でＢ町からＡ町まで上るのに、何時間かかりますか。

　式

答、＿＿＿＿＿＿＿＿＿時間

テスト2－10、２０km 離れた上流のＡ町と下流のＢ町の間を、流れの速さが時速２km の川を船で移動します。下るときの速さは上るときの速さの５倍でした。この船でＡ町－Ｂ町を１往復するのに、何時間かかりますか。

　式

答、＿＿＿＿＿＿＿時間

流水算　3

例題１３、流れの速さが分速２０ｍの川を、静水時の速さが分速３０ｍの船で１時間下りましたが、途中で故障して５分間はエンジンが止まっていました。この船は１時間で何ｍ川を下りましたか。

エンジンが止まっていた５分間は、川に流されていたことになります。

１時間＝６０分

６０分－５分＝５５分…エンジンで川を下っていた時間

３０ｍ/分＋２０ｍ/分＝５０ｍ/分…下りの速さ

５０ｍ/分×５５分＝２７５０ｍ…エンジンで下った距離

２０ｍ/分×５分＝１００ｍ…流されていた距離

２７５０ｍ＋１００ｍ＝２８５０ｍ

答、＿＿＿＿２８５０＿＿ｍ

例題１４、流れの速さが分速２０ｍの川を、静水時の速さが分速３０ｍの船で、３０分間で１３５０ｍ下りましたが、途中で故障してエンジンが止まっていた時間があります。故障してエンジンが止まっていた時間は何分間ですか。

つるかめ算（※）の考え方で解いてみましょう。

下りの速さ＝２０ｍ/分＋３０ｍ/分＝５０ｍ/分
流されている時の速さ＝２０ｍ/分

（※　つるかめ算については「サイパー思考力算数練習帳シリーズ１１　つるかめ算・差集め算の考え方」を参照してください）

もしも故障せずに３０分間下っていたなら、

５０ｍ/分×３０分＝１５００ｍ

流水算３

本当に下った距離は１３５０ｍなので

１５００ｍ－１３５０ｍ＝１５０ｍ　だけ本当の距離が少ない。

しもし１分間故障したとすると

５０ｍ/分－２０ｍ/分＝３０ｍ/分…故障１分で３０ｍ少なくなる。
１５０ｍ÷３０ｍ/分＝５分…故障していた時間

答、＿＿＿５＿＿分間＿

◇　◇　◇

別解　川の流れで動いた分と、エンジンで動いた分をわけて考えます。

船が川の流れの**力だけ**で下った距離
　　２０ｍ/分×３０分＝６００ｍ

船のエンジン**だけ**で下った距離
　　１３５０ｍ－６００ｍ＝７５０ｍ

エンジンが動いていた時間
　　７５０ｍ÷３０ｍ/分＝２５分

故障していた時間
　　３０分－２５分＝５分

答、＿＿＿５＿＿分間＿

流水算３

例題１５、流れの速さが分速１５ｍの川を、静水時の速さ
　　が分速４０ｍの船で１時間上りましたが、途中で故障
　　して５分間はエンジンが止まっていました。この船は
　　１時間で何ｍ川を上りましたか。

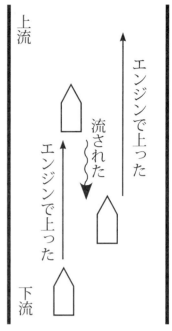

　例題１３と同じく、エンジンが止まっていた５分間は、
川に流されていたことになります。
　ただしこの問題の場合、船は川を上っていますから、エ
ンジンが止まって流されている間は、逆に進んでいること
になります。

　　６０分－５分＝５５分…エンジンで川を上っていた時間
　　４０ｍ/分－１５ｍ/分＝２５ｍ/分…上りの速さ
　　２５ｍ/分×５５分＝１３７５ｍ…エンジンで上った距離
　　１５ｍ/分×５分＝７５ｍ…流されて下った距離
　　１３７５ｍ－７５ｍ＝１３００ｍ

答、＿＿＿＿１３００＿ｍ

◇　　◇　　◇

　別解　例題１４と同じように、川の流れで動いた分と、エンジンで動いた分をわけ
て考えます。

　　　１５ｍ/分×６０分＝９００ｍ…川の流れの力だけ
　　　４０ｍ/分×（６０分－５分）＝２２００ｍ…エンジンの力だけ
　　　２２００ｍ－９００ｍ＝１３００ｍ

答、＿＿＿＿１３００＿ｍ

◆　　　　◆　　　　◆　　　　◆　　　　◆　　　　◆　　　　◆

流水算３

問題１８、流れの速さが分速１５ｍの川を、静水時の速さが分速２５ｍの船で１時間下りましたが、途中で故障して１０分間はエンジンが止まっていました。この船は１時間で何ｍ川を下りましたか。

式

答、＿＿＿＿＿＿＿＿＿＿ｍ

問題１９、流れの速さが分速２５ｍの川を、静水時の速さが分速３５ｍの船で、４０分間で２１５５ｍ下りましたが、途中で故障してエンジンが止まっていた時間があります。故障してエンジンが止まっていた時間は何分間ですか。

式

答、＿＿＿＿＿＿＿＿＿分間

問題２０、ある川を、静水時の速さが分速４５ｍの船で、１時間で３４５０ｍ下りましたが、途中で故障して１０分間エンジンが止まっていました。川の流れの速さは分速何ｍですか。

式

答、分速＿＿＿＿＿＿＿ｍ

流水算３

問題２１、流れの速さが分速２５ｍの川を、静水時の速さが分速３０ｍの船で２時間上りましたが、途中で故障して２分間はエンジンが止まっていました。この船は２時間で何ｍ川を上りましたか。

式

答、＿＿＿＿＿＿＿＿＿＿ｍ

問題２２、流れの速さが分速１５ｍの川を、静水時の速さが分速４５ｍの船で、５０分間で１２７５ｍ上りましたが、途中で故障してエンジンが止まっていた時間があります。故障してエンジンが止まっていた時間は何分間ですか。

式

答、＿＿＿＿＿＿＿＿＿＿分間

問題２３、ある川を、静水時の速さが分速５５ｍの船で、１時間半で２８９０ｍ上りましたが、途中で故障して８分間エンジンが止まっていました。川の流れの速さは分速何ｍですか。

式

答、分速＿＿＿＿＿＿＿＿＿＿ｍ

テスト3　（各10点×10）

点

テスト3－1、流れの速さが分速15ｍの川を、静水時の速さが分速28ｍの船で1時間5分下りましたが、途中で故障して6分間はエンジンが止まっていました。この船は1時間5分で何ｍ川を下りましたか。

式

答、＿＿＿＿＿＿＿＿＿ｍ

テスト3－2、流れの速さが分速23ｍの川を、静水時の速さが分速44ｍの船で3時間20分上りましたが、途中で故障して13分間はエンジンが止まっていました。この船は3時間20分で何ｍ川を上りましたか。

式

答、＿＿＿＿＿＿＿＿＿ｍ

テスト3－3、流れの速さが分速19ｍの川を、ある船で、1時間17分で1311ｍ上りましたが、途中で故障して4分間はエンジンが止まっていました。船の静水時の速さは分速何ｍですか。

式

答、　分速＿＿＿＿＿＿＿ｍ

テスト３

テスト３－４、流れの速さが分速２０ｍの川を、静水時の速さが分速３６ｍの船で、
　１時間２３分で４２１６ｍ下りましたが、途中で故障してエンジンが止まってい
　た時間があります。故障してエンジンが止まっていた時間は何分間ですか。

　　式

　　　　　　　　　　　　　　　　　　　答、＿＿＿＿＿＿＿＿＿＿　分間＿

テスト３－５、流れの速さが分速１０ｍの川を、ある船で、１時間１２分で３２６２
　ｍ下りましたが、途中で故障して１０分間エンジンが止まっていました。船の静
　水時の速さは分速何ｍですか。

　　式

　　　　　　　　　　　　　　　　　　　答、分速＿＿＿＿＿＿＿＿＿　ｍ＿

テスト３－６、流れの速さが分速２１ｍの川を、静水時の速さが分速３５ｍの船で、
　４時間１０分で２４１５ｍ上りましたが、途中で故障してエンジンが止まってい
　た時間があります。故障してエンジンが止まっていた時間は何分間ですか。

　　式

　　　　　　　　　　　　　　　　　　　答、＿＿＿＿＿＿＿＿＿＿　分間＿

テスト３

テスト３－７、ある川を、静水時の速さが分速３９ｍの船で、１時間３５分で
４９４７ｍ下りましたが、途中で故障して１２分間エンジンが止まっていました。
川の流れの速さは分速何ｍですか。

式

答、　分速＿＿＿＿＿＿＿＿ｍ

テスト３－８、流れの速さが分速２２ｍの川を、静水時の速さが分速４０ｍの船で、
５９分間で３１７８ｍ下りましたが、途中で故障して４分間エンジンが止まって
いました。直して再出発しましたがその１０分後にまた故障してエンジンが止ま
りました。２回目に故障した時のエンジンが止まっていた時間は何分間ですか。

式

答、＿＿＿＿＿＿＿＿分間

テスト３

テスト３－９、ある川を、静水時の速さが分速４２ｍの船で、５時間で４２２４ｍ
　　上りましたが、途中で故障して２８分間エンジンが止まっていました。川の流れ
　　の速さは分速何ｍですか。

　　式

答、分速＿＿＿＿＿＿＿＿＿ｍ

テスト３－１０、流れの速さが分速１５ｍの川を、静水時の速さが分速３７ｍの船で、
　　２時間１６分で２６５９ｍ先の目的地まで上りましたが、動き出してすぐに故障
　　して、しばらくエンジンが止まっていました。修理して動き出しましたが到着直
　　前にまた故障してエンジンが止まり、そのまま６分間流されたあとエンジンが直っ
　　てやっと目的地に着きました。最初に故障した時、エンジンの止まっていた時間
　　は何分間ですか。

　　式

答、＿＿＿＿＿＿＿＿＿分間

流水算　応用問題

例題１６、上流のＡ町からは静水時の速さが分速
　　３０ｍの船a（エー）が下り、下流のＢ町からは静水
　　時の速さが分速４０ｍの船b（ビー）が上ります。今
　　船aと船bが同時に出発したところ、船aは
　　途中で故障して１５分間エンジンが止まりま
　　したが再び走りだしました。２つの船が出会
　　うのは何時間後ですか。Ａ町からＢ町まで
　　７．９５km離れています。川の流れの速さは
　　どこも分速１０ｍです。

　　旅人算（※）の考え方が必要です。まず、船a
が故障して流されていた距離をもとめると、わか
りやすくなります。

> （※　旅人算については「サイパー思考力算数練習
> 帳シリーズ8　速さと旅人算」を参照してください）

$$10m/分 × 15分 = 150m$$
　　　…船aが１５分間流されていた距離
$$40m/分 − 10m/分 = 30m/分$$
　　　…船bの上りの速さ
$$30m/分 × 15分 = 450m$$
　　　…船bが１５分で進んだ距離

以下、旅人算で解きます。

$$7.95km = 7950m$$
$$7950m − 150m − 450 = 7350m$$
　　　…２つの船が向かい合わせに進んだ距離
$$30m/分 + 10m/分 = 40m/分$$
　　　…船aの下りの速さ
$$40m/分 + 30m/分 = 70m/分 …船abの向かい合わせの速さ$$

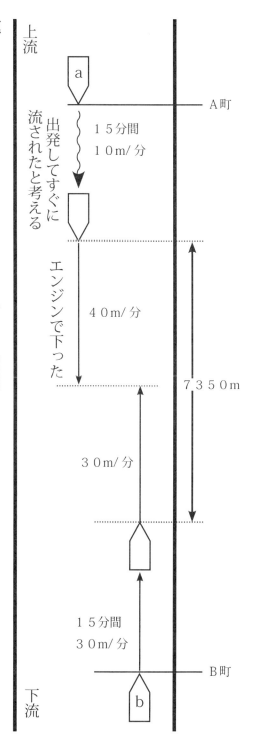

上流

出発してすぐに流されたと考える

A町

１５分間
１０ｍ/分

エンジンで下った

４０ｍ/分

７３５０ｍ

３０ｍ/分

１５分間
３０ｍ/分

B町

下流

流水算　応用問題

７３５０m÷７０m/分＝１０５分　　１０５分＋１５分＝１２０分＝２時間

　　　　　　　　　　　　　　　　　　　　　　答、　２時間後

別解　向かい合わせに進む場合は、流れの速さは無視してもかまわない。

　　４０m/分×１５分＝６００m…船ｂだけが進んだ
　　７９５０m－６００m＝７３５０m…２船が同時に進んだ距離
　　７３５０m÷（３０m/分＋４０m/分）＝１０５分…２船が同時に進んだ時間
　　１０５分＋１５分＝１２０分＝２時間

　　　　　　　　　　　　　　　　　　　　　　答、　２時間後

例題１７、上流のＡ町からは静水時の速さが 分速３５m の船ａが下り、下流のＢ町
　　からは静水時の速さが分速４５m の船ｂが上ります。今船ａと船ｂが同時に出発
　　したところ、船ｂは途中で故障して１０分間エンジンが止まりましたが再び走り
　　だしました。２つの船が出会うのは何時間後ですか。Ａ町からＢ町まで７．９５
　　km 離れています。川の流れの速さはどこも分速２０m です。

　これも、まず、船ｂが故障して流されていた距離をもとめると、わかりやすくなり
ます。

　　２０m/分×１０分＝２００m…船ｂが１０分間流されていた距離
　　３５m/分＋２０m/分＝５５m/分…船ａの下りの速さ
　　５５m/分×１０分＝５５０m…船ａが１０分で進んだ距離

　　７．９５km＝７９５０m
　　７９５０m＋２００m－５５０m＝７６００m
　　　　…２つの船が向かい合わせに進んだ距離
　　４５m/分－２０m/分＝２５m/分…船ｂの上りの速さ

流水算　応用問題

　５５m/分＋２５m/分＝８０m/分…船ａｂ
の向かい合わせの速さ

　７６００m÷８０m/分＝９５分

　９５分＋１０分＝１０５分＝１.７５時間

　　　　　　　　答、　１.７５時間後

別解　例題１６と同じく、向かい合わせに進
　　む場合は、流れの速さは無視してもかまわ
　　ない。

　　　３５m/分×１０分＝３５０m
　　　　　…船ｂだけが進んだ

　　　７９５０m－３５０m＝７６００m
　　　　　…２船が同時に進んだ距離

　　　７６００m÷（３５m/分＋４５m/分）
　　　＝９５分…２船が同時に進んだ時間

　　　９５分＋１０分＝１０５分＝１.７５時間
　　　　　　　　　　答、　１.７５時間後

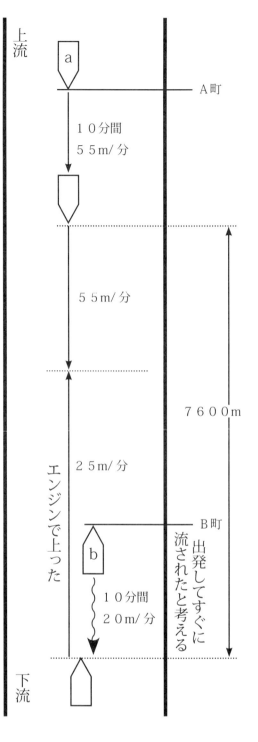

上流

a

Ａ町

１０分間
５５m/分

５５m/分

７６００m

２５m/分

エンジンで上った

B町

出発してすぐに流されたと考える

b

１０分間
２０m/分

下流

　旅人算の要素が加わってくると、整理することがどうしても必要となります。図を
描くなどして、条件を整理するようにしましょう。

流水算　応用問題

問題２４、上流のＡ町からは静水時の速さが分速３５ｍの船ａが下り、下流のＢ町からは静水時の速さが等しい船ｂが上ります。今船ａと船ｂが同時に出発したところ、船ａは途中で故障して１３分間エンジンが止まりましたが再び走りだしました。２つの船が出会うのは何時間何分後ですか。Ａ町からＢ町まで６１２５ｍ離れています。川の流れの速さはどこも分速１２ｍです。

式

答、＿＿＿＿＿＿＿＿時間＿＿＿＿＿＿分後

問題２５、上流のＡ町からは静水時の速さが 分速４０ｍの船ａが下り、下流のＢ町からは静水時の速さ等しい船ｂが上ります。今、船ａと船ｂが同時に出発したところ、船ｂは途中で故障して０.３時間エンジンが止まりましたが再び走りだしました。２つの船が出会うのは何時間後ですか。Ａ町からＢ町まで８.８８ｋｍ離れています。川の流れの速さはどこも分速１５ｍです。

式

答、＿＿＿＿＿＿＿＿時間後

流水算　応用問題

問題２６、上流のＡ町から、静水時の速さが 分速２６ｍの船アと分速１４ｍの船イが、下流のＢ町に向かって同時に出発しました。ところが船アは途中で故障してしばらくエンジンが止まったため、船アと船イはＢ町に同時につきました。船アは何分間エンジンが止まっていましたか。Ａ町からＢ町まで５．０７km、川の流れの速さはどこも分速１２ｍでした。

式

答、＿＿＿＿＿＿＿＿＿＿分間

問題２７、下流のＢ町から、静水時の速さが 分速４８ｍの船アと分速３０ｍの船イが上流のＡ町に向かって同時に出発しました。ところが船アは途中で故障してしばらくエンジンが止まったため、船アと船イはＡ町に同時につきました。船アは何分間エンジンが止まっていましたか。Ａ町からＢ町まで２．８km、川の流れの速さはどこも分速１６ｍでした。

式

答、＿＿＿＿＿＿＿＿＿＿分間

テスト４ （各１０点×１０）

点

テスト４－１、上流のＡ町からは静水時の速さが分速３２ｍ
の船ａが下り、下流のＢ町からは静水時の速さが分速５０ｍ
の船ｂが上ります。今船ａと船ｂが同時に出発したところ、
船ａは途中で故障して７分間エンジンが止まりましたが再び走りだしました。２
つの船が出会うのは何分後ですか。Ａ町からＢ町まで３４６６ｍ離れています。
川の流れの速さはどこも分速１０ｍです。

式

答、＿＿＿＿＿＿＿＿　分後＿＿

テスト４－２、上流のＡ町からは静水時の速さが 秒速０.５ｍの船ａが下り、下流の
Ｂ町からは静水時の速さが秒速０.８ｍの船ｂが上ります。今船ａと船ｂが同時に
出発したところ、船ｂは途中で故障して５分間エンジンが止まりましたが再び走
りだしました。２つの船が出会うのは何時間後ですか。Ａ町からＢ町まで６.７８
ｋｍ離れています。川の流れの速さはどこも秒速０.２ｍです。

式

答、＿＿＿＿＿＿＿＿　時間後＿＿

テスト４

テスト４－３、上流のＡ町から、静水時の速さが 分速３０ｍの船アと分速２０ｍの船イが下流のＢ町に向かって同時に出発しました。ところが船アは途中で故障してしばらくエンジンが止まったため、船アと船イはＢ町に同時につきました。船アは何分間エンジンが止まっていましたか。Ａ町からＢ町まで１８６０ｍ、川の流れの速さはどこも分速１１ｍでした。

式

答、＿＿＿＿＿＿＿＿＿分間

テスト４－４、下流のＢ町から、静水時の速さが 秒速０.８ｍの船アと分速４２ｍの船イが上流のＡ町に向かって同時に出発しました。ところが船アは途中で故障してしばらくエンジンが止まったため、船アと船イはＡ町に同時につきました。船アは何分間エンジンが止まっていましたか。Ａ町からＢ町まで２.４km、川の流れの速さはどこも秒速０.２ｍでした。

式

答、＿＿＿＿＿＿＿＿＿分間

テスト４

テスト４－５、流れの速さが分速１３ｍの川の上流のＡ町からは静水時の速さが分速３０ｍの船ａが下り、下流のＢ町からは静水時の速さが分速４５ｍの船ｂが上ります。船ａが出発して３分後に船ｂが出発したところ、船ａは途中で故障して４分間エンジンが止まりましたが再び走りだしました。２つの船が出会うのは船ａが出発してから何分後ですか。Ａ町からＢ町まで９８４ｍ離れています。

式

答、＿＿＿＿＿＿＿分後

テスト４－６、上流のＡ町からは静水時の速さが 分速２８ｍの船ａが下り、下流のＢ町からは静水時の速さが分速３９ｍの船ｂが上ります。今、船ａが出発してから５分後に船ｂが出発したところ、船ｂは途中で故障して２分間エンジンが止まりましたが再び走りだしました。２つの船が出会うのは船ａが出発してから何時間後ですか。Ａ町からＢ町まで１７９７ｍ離れています。川の流れの速さはどこも分速１２ｍです。

式

答、＿＿＿＿＿＿＿時間後

テスト４

テスト４－７、上流のＡ町から、静水時の速さが 分速２０ｍ の船アが下流のＢ町に
　　向かって出発し、その９分後に静水時の速さが分速１８ｍの船イが下流のＢ町に
　　向かって出発しました。ところが船アは途中で故障してしばらくエンジンが止まっ
　　たため、船アと船イはＢ町に同時につきました。船アは何分間エンジンが止まっ
　　ていましたか。Ａ町からＢ町まで２７８４ｍ、川の流れの速さはどこも分速１４
　　ｍでした。

式

答、＿＿＿＿＿＿＿＿＿＿分間

テスト４－８、下流のＢ町から、静水時の速さが 分速２５ｍ の船アが出発してから
　　１時間５分後に、静水時の速さが 分速３５ｍ の船イが上流のＡ町に向かって出発
　　しました。ところが船イは途中で故障してしばらくエンジンが止まったため、船
　　アと船イはＡ町に同時につきました。船アは何分間エンジンが止まっていました
　　か。Ａ町からＢ町まで３．６ｋｍ、川の流れの速さはどこも分速９ｍでした。

式

答、＿＿＿＿＿＿＿＿＿＿分間

サイパー® シリーズ：日本を知る社会・仕組みが分かる理科・英語

		対象年齢
社会シリーズ1 日本史人名一問一答	難関中学受験向けの問題集。506問のすべてに選択肢つき。 ISBN978-4-901705-70-7 本体500円（税別）	小6以上 中学生も可
理科シリーズ1 電気の特訓 新装版	水路のイメージから電気回路の仕組みを理解します。 ISBN978-4-86712-001-9 本体600円（税別）	小6以上 中学生も可
理科シリーズ2 てこの基礎 上	支点・力点・作用点から 重さのあるてこのつり合いまで。 ISBN978-4-901705-81-3 本体500円（税別）	小6以上 中学生も可
理科シリーズ3 てこの基礎 下	上下の力のつり合い、4つ以上の力のつりあい、比で解くなど。 ISBN978-4-901705-82-0 本体500円（税別）	小6以上 中学生も可

学習能力育成シリーズ

		対象年齢
新・中学受験は自宅でできる -学習塾とうまくつきあう法-	塾の長所短所、教え込むことの弊害、学習能力の伸ばし方 ISBN978-4-901705-92-9 本体800円（税別）	保護者
中学受験は自宅でできるII お母さんが高める子どもの能力	栄養・睡眠・遊び・しつけと学習能力の関係を説明 ISBN978-4-901705-98-1 本体500円（税別）	保護者
中学受験は自宅でできるIII マインドフルネス学習法®	マインドフルネスの成り立ちから学習への応用をわかりやすく説明 ISBN978-4-901705-99-8 本体500円（税別）	保護者

認知工学の新書シリーズ

		対象年齢
講師の ひとり思う事 独断	「進学塾不要論」の著者・水島醉の日々のエッセイ集 ISBN978-4-901705-94-3 本体1000円（税別）	一般成人

書籍等の内容に関するお問い合わせは （株）認知工学 まで
直接のご注文で 5,000円（税別）未満の場合は、送料等 800円がかかります。
TEL：075-256-7723（平日10時〜16時） FAX：075-256-7724 email：ninchi@sch.jp
〒604-8155 京都市中京区錦小路通烏丸西入る占出山町308 ヤマチュウビル5F

M.access（エム・アクセス）の通信指導と教室指導

M.access（エム・アクセス）は、（株）認知工学の教育部門です。ご興味のある方はご請求下さい。お名前、ご住所、電話番号等のご連絡先を明記の上、FAXまたはe-mailにて、資料請求をしてください。e-mailの件名に「資料請求」と表示してください。教室は京都市本社所在地（上記）のみです。

FAX 075-256-7724　　　　TEL 075-256-7739（平日10時〜16時）
e-mail：maccess@sch.jp　　HP：http://maccess.sch.jp

直販限定書籍、CD 以下の商品は学参書店のみでの販売です。一般書店ではご注文になれません。CDについてはデータ配信もしております。アマゾン・iTuneStoreでお求めください。

直販限定商品	内　容	本体／税別
超・植木算1 難関中学向け	植木算の超難問に、細かいステップを踏んだ説明と解説をつけました。小学高学年向け。問題・解説合わせて74頁です。自学自習教材です。	2220円
超・植木算2 難関中学向け	植木算の超難問に、細かいステップを踏んだ説明と解説をつけました。小学高学年向け。問題・解説合わせて117頁です。自学自習教材です。	3510円
日本史人物180撰 音楽CD	歴史上の180人の人物名を覚えます。その関連事項を聞いたあとに人物名を答える形式で歌っています。ラップ調です。　約52分	1500円
日本地理「川と平野」 音楽CD	全国の主な川と平野を聞きなれたメロディーに乗せて歌っています。カラオケで答の部分が言えるかどうかでチェックできます。　約45分	1500円
九九セット 音楽CD	たし算とひき算をかけ算九九と同じように歌で覚えます。基礎計算を速くするための方法です。かけ算九九の歌も入っています。カラオケ付き。約30分	1500円
約数特訓の歌 音楽CD データ配信のみ	1〜100までと360の約数を全て歌で覚えます。6は1かけ6、2かけ3と歌っています。ラップ調の歌です。カラオケ付き。　約35分	配信先参照
約数特訓練習帳 プリント教材 新装版	1〜100までの約数をすべて書けるように練習します。「約数特訓の歌」と同じ考え方です。A4カラーで68ページ、解答4ページ。	800円

学参書店（http://gakusanshoten.jpn.org/）のみ限定販売　3000円（税別）未満は送料800円
認知工学（http://ninchi.sch.jp）にてサンプルの試読、CDの試聴ができます。

2024.10.25

M.access（エム・アクセス）編集　認知工学発行の既刊本

★は最も適した時期
●はお勧めできる時期

サイパー® 思考力算数練習帳シリーズ

		対象学年	小1	小2	小3	小4	小5	小6	受験
シリーズ1 文章題 たし算・ひき算	たし算・ひき算の文章題を絵や図を使って練習します。 ISBN978-4-901705-00-4 本体500円（税別）		★	●	●				
シリーズ2 文章題 比較・順序・線分図 新装版	数量の変化や比較の複雑な場合までを練習します。 ISBN978-4-86712-102-3 本体600円（税別）			★	●	●			
シリーズ3 文章題 和差算・分配算	線分図の意味を理解し、自分で描く練習をします。 ISBN978-4-901705-02-8 本体500円（税別）				★	●	●	●	●
シリーズ4 文章題 たし算・ひき算 2	シリーズ1の続編、たし算・ひき算の文章題。 ISBN978-4-901705-03-5 本体500円（税別）		★	●	●				
シリーズ5 量 倍と単位あたり 新装版	倍と単位当たりの考え方を直感的に理解できます。 ISBN978-4-86712-105-4 本体500円（税別）				★	●	●	●	
シリーズ6 文章題 どっかい算	問題文を正確に読解することを練習します。整数範囲。 ISBN978-4-901705-05-9 本体500円（税別）				★	●	●	●	
シリーズ7 パズル ＋－×÷パズル	＋－×÷のみを使ったパズルで、思考力がつきます。 ISBN978-4-901705-06-6 本体500円（税別）				●	★	●	●	
シリーズ8 文章題 速さと旅人算	速さの意味を理解する。旅人算の基礎まで。 ISBN978-4-901705-07-3 本体500円（税別）					★	●	●	
シリーズ9 パズル ＋－×÷パズル 2	＋－×÷のみを使ったパズル。シリーズ7の続編。 ISBN978-4-901705-08-0 本体500円（税別）					●	★	●	
シリーズ10 文章題 倍から割合へ 売買算	倍と割合が同じ意味であることで理解を深めます。 ISBN978-4-901705-09-7 本体500円（税別）					●	★	●	●
シリーズ11 文章題 つるかめ算・差集め算の考え方 新装版	差の変化に着目して意味を理解します。整数範囲。 ISBN978-4-86712-111-5 本体600円（税別）					●	●	●	●
シリーズ12 文章題 周期算 新装版	わり算の意味と周期の関係を深く理解します。整数範囲。 ISBN978-4-86712-112-2 本体600円（税別）					●	●	●	●
シリーズ13 図形 点描写 1 立方体など 新装版	点描写を通じて立体感覚・集中力・短期記憶を訓練。 ISBN978-4-86712-113-9 本体500円（税別）		★	★	★	●	●	●	
シリーズ14 パズル 素因数パズル	素因数分解をパズルを楽しみながら理解します。 ISBN978-4-901705-13-4 本体500円（税別）					●	●	●	●
シリーズ15 文章題 方陣算 1	中空方陣・中実方陣の意味から基礎問題まで。整数範囲。 ISBN978-4-901705-14-1 本体500円（税別）					●	●	●	●
シリーズ16 文章題 方陣算 2	過不足を考える。2列3列の中空方陣。整数範囲。 ISBN978-4-901705-15-8 本体500円（税別）					●	●	●	●
シリーズ17 図形 点描写 2 （線対称）	点描写を通じて線対称・集中力・図形センスを訓練。 ISBN978-4-901705-16-5 本体500円（税別）		★	★	★	●	●	●	
シリーズ18 図形 点描写 3 （点対称）	点描写を通じて点対称・集中力・図形センスを訓練。 ISBN978-4-901705-17-2 本体500円（税別）				★	★	●	●	
シリーズ19 パズル 四角わけパズル 初級	面積と約数の感覚を鍛えるパズル。九九の範囲で解ける。 ISBN978-4-901705-18-9 本体500円（税別）				★	●	●	●	
シリーズ20 パズル 四角わけパズル 中級	2桁×1桁の掛け算で解ける。8×8〜16×16のマスまで。 ISBN978-4-901705-19-6 本体500円（税別）				★	●	●	●	
シリーズ21 パズル 四角わけパズル 上級	10×10〜16×16のマスまでのサイズです。 ISBN978-4-901705-20-2 本体500円（税別）			●	★	●	●	●	
シリーズ22 作業 暗号パズル	暗号のルールを正確に実行することで作業性を高めます。 ISBN978-4-901705-21-9 本体500円（税別）				★	●	●	●	
シリーズ23 場合の数 書き上げて解く 順列 新装版	場合の数の順列を順序よく書き上げて作業性を高めます。 ISBN978-4-86712-123-8 本体600円（税別）				●	★	★	●	
シリーズ24 場合の数 書き上げて解く 組み合わせ	場合の数の組み合わせを書き上げて作業性を高めます。 ISBN978-4-901705-23-3 本体500円（税別）				●	★	●	●	
シリーズ25 パズル ビルディングパズル 初級	階数の異なるビルを当てはめる。立体感覚と思考力を育成。 ISBN978-4-901705-24-0 本体500円（税別）		●	★	★	●	●	●	
シリーズ26 パズル ビルディングパズル 中級	ビルの入るマスは5行5列。立体感覚と思考力を育成。 ISBN978-4-901705-25-7 本体500円（税別）			●	★	★	●	●	
シリーズ27 パズル ビルディングパズル 上級	ビルの入るマスは6行6列。大人でも十分楽しめます。 ISBN978-4-901705-26-4 本体500円（税別）					●	●	●	★
シリーズ28 文章題 植木算 新装版	植木算の考え方を基礎から学びます。整数範囲。 ISBN978-4-86712-128-3 本体600円（税別）				★	●	●	●	
シリーズ29 文章題 等差数列 上	等差数列を基礎から理解できます。3桁÷2桁の計算あり。 ISBN978-4-901705-28-8 本体500円（税別）					★	●	●	●
シリーズ30 文章題 等差数列 下	整数の性質・規則性の理解もできます。3桁÷2桁の計算。 ISBN978-4-901705-29-5 本体500円（税別）						★	●	●
シリーズ31 文章題 まんじゅう算	まんじゅう1個の重さを求める感覚。小学生のための方程式。 ISBN978-4-901705-30-1 本体500円（税別）					●	★	★	●
シリーズ32 単位 単位の換算 上	長さ等の単位の換算を基礎から徹底的に学習します。 ISBN978-4-901705-31-8 本体500円（税別）				★	●	●	●	

M. access（エム・アクセス）編集　認知工学発行の既刊本

★は最も適した時期　●はお勧めできる時期

サイパー® 思考力算数練習帳シリーズ

シリーズ	内容	小1	小2	小3	小4	小5	小6	受験
シリーズ33 単位 単位の換算 中	時間等の単位の換算を基礎から徹底的に学習します。ISBN978-4-901705-32-5 本体500円(税別)				●	★	●	●
シリーズ34 単位 単位の換算 下	速さ等の単位の換算を基礎から徹底的に学習します。ISBN978-4-901705-33-2 本体500円(税別)				●	★	●	●
シリーズ35 数の性質1 倍数・公倍数	倍数の意味から公倍数の応用問題までを徹底的に学習。ISBN978-4-901705-34-9 本体500円(税別)					★	●	●
シリーズ36 数の性質2 約数・公約数	約数の意味から公約数の応用問題までを徹底的に学習。ISBN978-4-901705-35-6 本体500円(税別)					★	●	●
シリーズ37 文章題 消去算	消去算の基礎から応用までを整数範囲で学習します。ISBN978-4-901705-36-3 本体500円(税別)					★	●	●
シリーズ38 図形 角度の基礎	角度の測り方から、三角定規・平行・時計などを練習。ISBN978-4-901705-37-0 本体500円(税別)				★	●	●	●
シリーズ39 図形 面積 上 新装版	面積の意味・正方形・長方形・平行四辺形・三角形 ISBN978-4-86712-139-9 本体600円(税別)				●	★	●	●
シリーズ40 図形 面積 下 新装版	台形・ひし形・たこ形。面積から長さを求める。ISBN978-4-86712-140-5 本体600円(税別)				●	★	●	●
シリーズ41 数量関係 比の基礎 新装版	比の意味から、比例式・比例配分・連比等の練習 ISBN978-4-86712-141-2 本体600円(税別)					●	★	●
シリーズ42 図形 面積 応用編1	等積変形や底辺の比と面積比の関係などを学習します。ISBN978-4-901705-96-7 本体500円(税別)					●	★	●
シリーズ43 計算 逆算の特訓 上 新装版	1から3ステップの逆算を整数範囲で学習します。ISBN978-4-901705-143-6 本体600円(税別)				●	★	●	●
シリーズ44 計算 逆算の特訓 下 新装版	あまりのあるわり算の逆算、分数範囲の逆算等を学習。ISBN978-4-86712-144-3 本体600円(税別)					●	★	●
シリーズ45 文章題 どっかいざん2	問題の書きかたの難しい文章題。たしざんひきざん範囲。ISBN978-4-901705-83-7 本体500円(税別)	●	★	●				
シリーズ46 図形 体積 上 新装版	体積の意味・立方体・直方体・○柱・○錐の体積の求め方まで。ISBN978-86712-146-7 本体600円(税別)				●	★	●	●
シリーズ47 図形 体積 下 容積	容積、不規則な形のものの体積、容器に入る水の体積 ISBN978-4-86712-047-7 本体500円(税別)				●	★	●	●
シリーズ48 文章題 通過算	鉄橋の通過、列車同士のすれちがい、追い越しなどの問題。ISBN978-4-86712-048-4 本体500円(税別)					●	★	●
シリーズ49 文章題 流水算	川を上る船、下る船、船の行き交いに関する問題。ISBN978-4-86712-049-1 本体500円(税別)					●	★	●
シリーズ50 数の性質3 倍数・約数の応用1 新装版	倍数・約数とあまりとの関係に関する問題・応用1 ISBN978-4-86712-150-4 本体600円(税別)					●	★	●
シリーズ51 数の性質4 倍数・約数の応用2	公倍数・公約数とあまりとの関係に関する問題・応用2 ISBN978-4-86712-051-4 本体500円(税別)					●	★	●
シリーズ52 文章題 面積図1	面積図の考え方・平均算・つるかめ算 ISBN978-4-86712-052-1 本体500円(税別)					●	★	●
シリーズ53 文章題 面積図2	差集め算・過不足算・濃度・個数が逆 ISBN978-4-86712-053-8 本体500円(税別)					●	★	●
シリーズ54 文章題 ひょうでとくもんだい	つるかめ算・差集め算・過不足算を表を使って解く ISBN978-4-86712-154-2 本体600円(税別)		●	★	●			
シリーズ55 文章題 等しく分ける	数の大小関係、倍の関係、均等に分ける、数直線の基礎 ISBN978-4-86712-155-9 本体600円(税別)		●	●	★			

サイパー® 国語読解の特訓シリーズ

シリーズ	内容	小1	小2	小3	小4	小5	小6	受験
シリーズ一 文の組み立て特訓	修飾・被修飾の関係をくり返し練習します。ISBN978-4-901705-50-9 本体500円(税別)				●	★	●	
シリーズ三 指示語の特訓 上 新装版	指示語がしめす内容を正確にとらえる練習をします。ISBN978-4-86712-203-7 本体600円(税別)				●	★	●	
シリーズ四 指示語の特訓 下	指示語上の応用編です。長文での練習をします。ISBN978-4-901705-53-0 本体500円(税別)					●	★	●
シリーズ五 こくごどっかいのとっくん・小1レベル	ひらがなとカタカナ・文節にわける・文のかきかえなど ISBN978-4-901705-54-7 本体500円(税別)	★	●					
シリーズ六 こくごどっかいのとっくん・小2レベル	文の並べかえ・かきかえ・こそあど言葉・助詞の使い方 ISBN978-4-901705-55-4 本体500円(税別)		★	●				
シリーズ七 語彙（ごい）の特訓 甲	文字を並べかえるパズルをして語彙を増やします。ISBN978-4-901705-56-1 本体500円(税別)			★	●	●		
シリーズ八 語彙（ごい）の特訓 乙	甲より難しい内容の形容詞・形容動詞を扱います。ISBN978-4-901705-57-8 本体500円(税別)				★	●	●	

サイパー® 国語読解の特訓シリーズ（続き）

シリーズ	内容	小1	小2	小3	小4	小5	小6	受験
シリーズ九 読書の特訓 甲	芥川龍之介の「鼻」。助詞・接続語の練習。ISBN978-4-901705-58-5 本体500円(税別)						●	●
シリーズ十 読書の特訓 乙	有島武郎の「一房の葡萄」。助詞・接続語の練習。ISBN978-4-901705-59-2 本体500円(税別)						★	●
シリーズ十一 作文の特訓 甲	間違った文・分かりにくい文を訂正して作文を学びます。ISBN978-4-901705-60-8 本体500円(税別)				●	★	●	●
シリーズ十二 作文の特訓 乙	敬語や副詞の呼応など言葉のきまりを学習します。ISBN978-4-901705-61-5 本体500円(税別)					●	★	●
シリーズ十三 読書の特訓 丙	宮沢賢治の「オツベルと象」。助詞・接続語の練習。ISBN978-4-901705-62-2 本体500円(税別)						●	●
シリーズ十四 読書の特訓 丁	森鴎外の「高瀬舟」。助詞・接続語の練習。ISBN978-4-901705-63-9 本体500円(税別)						●	●
シリーズ十五 文の書きかえ特訓	体言止め・〜こと・受身・自動詞/他動詞の書きかえ。ISBN978-4-901705-64-6 本体500円(税別)				●	★	●	●
シリーズ十六 新・文の並べかえ特訓 上	文節を並べかえて正しい文を作る。2〜4文節、初級編 ISBN978-4-901705-65-3 本体500円(税別)	●	★	●	●			
シリーズ十七 新・文の並べかえ特訓 中	文節を並べかえて正しい文を作る。4文節、中級編 ISBN978-4-901705-66-0 本体500円(税別)			●	★	●		
シリーズ十八 新・文の並べかえ特訓 下	文節を並べかえて正しい文を作る。4文節以上、一般向き ISBN978-4-901705-67-7 本体500円(税別)				●	★	●	●
シリーズ十九 論理の特訓 甲	論理的思考の基礎を言葉を使って学習。入門編 ISBN978-4-901705-68-4 本体500円(税別)				●	★	●	●
シリーズ二十 論理の特訓 乙	論理的思考の基礎を言葉を使って学習。応用編 ISBN978-4-901705-69-1 本体500円(税別)					●	★	●
シリーズ二十一 かんじパズル 甲	パズルでたのしくかんじをおぼえよう。1,2年当配漢字 ISBN978-4-901705-85-1 本体500円(税別)	●	★	●	●			
シリーズ二十二 漢字パズル 乙	パズルで楽しく漢字を覚えよう。3,4年配当漢字 ISBN978-4-901705-86-8 本体500円(税別)			●	★	●	●	
シリーズ二十三 漢字パズル 丙	パズルで楽しく漢字を覚えよう。5,6年配当漢字 ISBN978-4-901705-87-5 本体500円(税別)					●	★	●
シリーズ二十四 敬語の特訓	正しい敬語の使い方。教養としての敬語。ISBN978-4-901705-88-2 本体500円(税別)					●	★	●
シリーズ二十六 つづりかえの特訓 乙	単語のつづり・多様な知識を身につけよう。ISBN978-4-901705-77-6 本体500円(税別)　(同「甲」は絶版)					●	★	●
シリーズ二十七 要約の特訓 上	楽しく文章を書きます。読解と要約の特訓。ISBN978-4-901705-78-3 本体500円(税別)				●	★	●	●
シリーズ二十八 要約の特訓 中 新装版	楽しく文章を書きます。読解と要約の特訓。上の続き。ISBN978-4-86712-228-0 本体600円(税別)					★	●	●
シリーズ二十九 文の組み立て特訓 主語・述語専科	主語・述語の関係の特訓、文の構造を理解する。ISBN978-4-901705-43-1 本体500円(税別)				●	★	●	●
シリーズ三十 文の組み立て特訓 修飾・被修飾専科	修飾・被修飾の関係の特訓、文の構造を理解する。ISBN978-4-901705-44-8 本体500円(税別)				★	●	●	●
シリーズ三十一 文法の特訓 名詞編	名詞とは何か。名詞の分類を学習します。ISBN978-4-901705-45-5 本体500円(税別)					★	●	●
シリーズ三十二 文法の特訓 動詞編 上	五段活用、上一段活用、下一段活用を学習します。ISBN978-4-901705-46-2 本体500円(税別)					●	★	●
シリーズ三十三 文法の特訓 動詞編 下	カ行変格活用、サ行変格活用と動詞の応用を学習します。ISBN978-4-901705-47-9 本体500円(税別)					●	●	●
シリーズ三十四 文法の特訓 形容詞・形容動詞編	形容詞と形容動詞の役割と意味 活用・難しい判別 総合 ISBN978-4-901705-48-6 本体500円(税別)						★	●
シリーズ三十五 文法の特訓 副詞・連体詞編	副詞・連体詞の役割と意味 呼応 犠牲・擬態語 総合 ISBN978-4-901705-49-3 本体500円(税別)						★	●
シリーズ三十六 文法の特訓 助動詞・助詞編	助動詞・助詞の役割と意味 助動詞の活用 総合 ISBN978-4-901705-71-4 本体500円(税別)						★	●
シリーズ三十七 要約の特訓 下 実践編	楽しく文章を書きます。シリーズ27,28の続きで完結編 ISBN978-4-901705-72-1 本体500円(税別)					●	★	●
シリーズ三十八 十回音読と音読書写 甲	これだけで国語力UP。音読と書写の毎日訓練。「ロシアのおとぎ話」ISBN978-4-901705-73-8 本体500円(税別)			●	★	●	●	
シリーズ三十九 十回音読と音読書写 乙	これだけで国語力UP。音読と書写の毎日訓練。「ごんぎつね」ISBN978-4-901705-74-5 本体500円(税別)			●	★	●		
シリーズ四十 一回黙読と（かっこ）要約 甲	( )を埋めて要約することで、文の精読の訓練ができます ISBN978-4-901705-84-4 本体500円(税別)					●	★	●
シリーズ四十一 一回黙読と（かっこ）要約 乙	( )を埋めて要約することで、文の精読の訓練ができます ISBN978-4-901705-91-2 本体500円(税別)					●	★	●

※「新装版」について。問題・解答など、本文内容は旧版と同じものです。

テスト４

テスト４－９、下流のＢ町から静水時の速さが分速４４.８ｍの船アと分速４０ｍ
　の船イが上流のＡ町に向かって同時に出発しました。途中、船イが４分間故障し
　ましたが、修理して元の速さで進みました。船アも故障しましたが修理して元
　の速さで進みましたら、２つの船は同時にＡ町に到着しました。船アが故障し
　ていた時間は何分間ですか。川の流れる速さは分速１０ｍ、Ａ町とＢ町の距離は
　１６４０ｍです。
　　式

答、_____分間

テスト４－１０、上流のＡ町から静水時の速さが分速４１ｍの船ａが下流のＢ町に
　向かって、下流のＢ町から静水時の速さが分速４５ｍの船ｂが上流のＡ町に向かっ
　て、同時に出発しました。途中、船ａも船ｂも１２分間故障していましたが、修
　理して動きました。Ａ町からＢ町の距離が９２８８ｍの時、船ａと船ｂは何時間
　後に出会いますか。
　　式

答、_____時間後

解　答　解き方は一例です

P5

問題1　①　５km/時＋１km/時＝６km/時　　３６km÷６km/時＝６時間　　<u>　６時間　</u>

　　　　②　５km/時－１km/時＝４km/時　　３６km÷４km/時＝９時間　　<u>　９時間　</u>

P6

問題2　３３km÷６時間＝５.５km/時　　５.５km/時－４km/時＝１.５km/時　　<u>時速１.５km</u>

問題3　１８km÷９時間＝２km/時　　２km/時＋２km/時＝４km/時　　<u>時速４km</u>

問題4　４.５km/時－２.５km/時＝２km/時　　２km/時×３時間＝６km　　<u>６km</u>

P7

問題5　５.２５km/時＋２.２５km/時＝７.５km/時

　　　　７.５km/時×５時間＝３７.５km　　<u>３７.５km</u>

P9

問題6　７km/時＋７km/時＝１４km/時…二人の船の速さの和

　　　　４９km÷１４km/時＝３.５時間　　<u>３.５時間</u>

P10

問題7　２７km÷３時間＝９km/時…二人の船の速さの和

　　　　９km/時－３km/時＝６km/時　　<u>時速６km</u>

問題8　４.５km/時＋３.５km/時＝８km/時…二人の船の速さの和

　　　　５時間半＝５.５時間　　８km/時×５.５時間＝４４km　　<u>４４km</u>

P11

問題9　８.２km/時－４.７km/時＝３.５km/時…二人の船の速さの差

　　　　２１.７km÷３.５km/時＝６.２時間＝６時間１２分　　<u>６時間１２分後</u>

問題10　５.４km/時＝９０m/分　　３.９km/時＝６５m/分

　　　　９０m/分－６５m/分＝２５m/分…二人の船の速さの差

　　　　２時間４０分＝１６０分　　２５m/分×１６０分＝４０００m＝４km

　　　　　　　　　　　　　　　　　　　　　　　　　　　<u>４km</u>

　　　　（分数が使える場合：５.４km/時－３.９km/時＝１.５km/時…二人の船の速さの差

　　　　２時間４０分＝$\frac{8}{3}$時間　　１.５km/時×$\frac{8}{3}$時間＝**４km**）

問題11　６km＝６０００m　　４時間１０分＝２５０分　　１.５６km/時＝１５６０m/時＝２６m/分

　　　　６０００m÷２５０分＝２４m/分…二人の船の速さの差

　　　　２４m/分＋２６m/分＝５０m/分＝３０００m/時＝３km/時　　<u>時速３km</u>

　　　　（分数が使える場合：４時間１０分＝$\frac{25}{6}$時間　　６km÷$\frac{25}{6}$＝１.４４km/時）

　　　　１.４４km/時＋１.５６km/時＝**３km/時**）

P12

テスト1－1　４.３km/時＋１.２km/時＝５.５km/時

　　　　　　　５.５km/時×４時間＝２２km　　<u>２２km</u>

テスト1－2　２７km÷６時間＝４.５km/時

　　　　　　　４.５km/時－３km/時＝１.５km/時　　<u>時速１.５km</u>

解答

テスト1－3 $28km \div 8時間 = 3.5km/時$

$3.5km/時 + 3km/時 = 6.5km/時$ <u>時速6.5km</u>

テスト1－4 $5.5km/時 - 2km/時 = 3.5km/時$

$3.5km/時 \times 5時間 = 17.5km$ <u>17.5km</u>

P13

テスト1－5 $3.25km/時 + 4.75km/時 = 8km/時$ 3時間15分＝3.25時間

$8km/時 \times 3.25時間 = 26km$ <u>26km</u>

テスト1－6 $5km/時 + 5km/時 = 10km/時$

$24km \div 10km/時 = 2.4時間 = 2時間24分$ <u>2時間24分後</u>

テスト1－7 $35km \div 5時間 = 7km/時$

$7km/時 - 2.5km/時 = 4.5km/時$ <u>時速4.5km</u>

P14

テスト1－8 $11km \div 4時間 = 2.75km/時$

$2.38km/時 + 2.75km/時 = 5.13km/時$ <u>時速5.13km</u>

テスト1－9 $6.8km/時 - 4.4km/時 = 2.4km/時$

$12.6km \div 2.4km/時 = 5.25時間 = 5時間15分$ <u>5時間15分</u>

テスト1－10 $5.3km/時 - 2.8km/時 = 2.5km/時$ 3時間36分＝3.6時間

$2.5km/時 \times 3.6時間 = 9km$ <u>9km</u>

P18

問題12 $12km \div 2時間 = 6km/時 \cdots 下りの速さ$ $12km \div 4時間 = 3km/時 \cdots 上りの速さ$

$(6km/時 - 3km/時) \div 2 = 1.5km/時 \cdots 流れの速さ$

$(6km/時 + 3km/時) \div 2 = 4.5km/時 \cdots 船の静水時の速さ$

<u>川：時速1.5km、　船の静水時：時速4.5km</u>

P19

問題13 $38.5km = 38500m$ 5時間50分＝350分   12時間50分＝770分

$38500m \div 350分 = 110m/分 \cdots 下りの速さ$

$38500m \div 770分 = 50m/分 \cdots 上りの速さ$

$(110m/分 - 50m/分) \div 2 = 30m/分 \cdots 流れの速さ$

$(110m/分 + 50m/分) \div 2 = 80m/分 \cdots 船の静水時の速さ$

<u>川：分速30m、　船の静水時：分速80m</u>

問題14 $18km = 18000m$ 1時間＝3600秒   1時間40分＝6000秒

$18000m \div 3600 = 5m/秒 \cdots 下りの速さ$

$18000m \div 6000 = 3m/秒 \cdots 上りの速さ$

$(5m/秒 - 3m/秒) \div 2 = 1m/秒 \cdots 流れの速さ$

$(5m/秒 + 3m/秒) \div 2 = 4m/秒 \cdots 船の静水時の速さ$

<u>川：秒速1m、　船の静水時：秒速4m</u>

問題15 $24km \div 3時間 = 8km/時 \cdots 船の下りの速さ$

$24km \div 12時間 = 2km/時 \cdots 船の上りの速さ$

$(8km/時 - 2km/時) \div 2 = 3km/時 \cdots 流れの速さ$

4時間48分＝4.8時間 $24km \div 4.8時間 = 5km/時 \cdots ボートの下りの速さ$

$5km/時 - 3km/時 = 2km/時$ <u>時速2km</u>

解答

問題１６　４５ｋｍ÷５時間＝９ｋｍ/時…船の下りの速さ

　　　　　４５ｋｍ÷９時間＝５ｋｍ/時…船の上りの速さ

　　　　　（９ｋｍ/時－５ｋｍ/時）÷２＝２ｋｍ/時…流れの速さ

　　　　　４ｋｍ/時＋２ｋｍ/時＝６ｋｍ/時…ボートの下りの速さ

　　　　　４５ｋｍ÷６ｋｍ/時＝７．５時間　　　　　　　　　　　　　　 <u>７．５時間</u>

問題１７　仮に上りの速さを①とすると、下りの速さは④となります。この仮の速さを使って解きます。

　　　　　（④＋①）÷２＝②．⑤…静水時の速さ＝７．５ｋｍ/時

　　　　　７．５ｋｍ/時÷②．⑤＝３ｋｍ/時…①…上りの速さ

　　　　　２７ｋｍ÷３ｋｍ/時＝９時間　　　　　　　　　　　　　 <u>９時間</u>

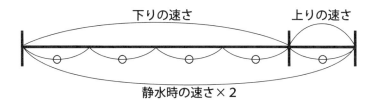

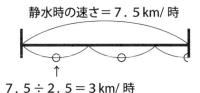

テスト２－１　１２ｋｍ÷２時間＝６ｋｍ/時…下りの速さ　　　１２ｋｍ÷１２時間＝１ｋｍ/時…上りの速さ

　　　　　（６ｋｍ/時－１ｋｍ/時）÷２＝２．５ｋｍ/時…流れの速さ

　　　　　（６ｋｍ/時＋１ｋｍ/時）÷２＝３．５ｋｍ/時…静水時の速さ

　　　　　　　　　　　　　　　 <u>川：時速２．５ｋｍ　　船の静水時：時速３．５ｋｍ</u>

テスト２－２　１０．８ｋｍ＝１０８００ｍ　　　１時間＝６０分　　　２時間１５分＝１３５分

　　　　　１０８００ｍ÷６０分＝１８０ｍ/分…下りの速さ

　　　　　１０８００ｍ÷１３５分＝８０ｍ/分…上りの速さ

　　　　　（１８０ｍ/分－８０ｍ/分）÷２＝５０ｍ/分…流れの速さ

　　　　　（１８０ｍ/分＋８０ｍ/分）÷２＝１３０ｍ/分…静水時の速さ

　　　　　　　　　　　　　　　 <u>川：分速５０ｍ　　船の静水時：分速１３０ｍ</u>

テスト２－３　２０．９ｋｍ＝２０９００ｍ

　　　　　１時間３１分４０秒＝５５００秒　　　２時間３８分２０秒＝９５００秒

　　　　　２０９００ｍ÷５５００秒＝３．８ｍ/秒…下りの速さ

　　　　　２０９００ｍ÷９５００分＝２．２ｍ/秒…上りの速さ

　　　　　（３．８ｍ/秒－２．２ｍ/秒）÷２＝０．８ｍ/秒…流れの速さ

　　　　　（３．８ｍ/秒＋２．２ｍ/秒）÷２＝３ｍ/秒…静水時の速さ

　　　　　　　　　　　　　　　 <u>川：秒速０．８ｍ　　船の静水時：秒速３ｍ</u>

解答

テスト２－４　５５km÷１１時間＝５km/時…下りの速さ

５５km÷２５時間＝２.２km/時…上りの速さ

（５km/時－２.２km/時）÷２＝１.４km/時…流れの速さ

１３時間４５分＝１３.７５時間

５５km÷１３.７５時間＝４km/時…ボートの下りの速さ

４km/時－１.４km/時＝２.６km/時　　　　　　　<u>時速２.６km</u>

テスト２－５　３時間２０分＝２００分　　　８時間２０分＝５００分

２０km÷２００分＝０.１km/分…下りの速さ

２０km÷５００分＝０.０４km/分…上りの速さ

（０.１km/分－０.０４km/分）÷２＝０.０３km/分…流れの速さ

３km/時＝０.０５km/分

０.０５km/分＋０.０３km/分＝０.０８km/分…ボートの下りの速さ

２０km÷０.０８km/分＝２５０分＝４時間１０分　　　<u>４時間１０分</u>

（分数が使える場合：３時間２０分＝$\frac{10}{3}$時間　　　８時間２０分＝$\frac{25}{3}$時間

２０km÷$\frac{10}{3}$時間＝６km/時…下りの速さ

２０km÷$\frac{25}{3}$時間＝$\frac{12}{5}$km/時…上りの速さ

（６km/時－$\frac{12}{5}$km/時）÷２＝$\frac{9}{5}$km/時…流れの速さ

３km/時＋$\frac{9}{5}$km/時＝$\frac{24}{5}$km/時…ボートの下りの速さ

２０km/時÷$\frac{24}{5}$km/時＝$\frac{25}{6}$時間＝４時間１０分　　）

テスト２－６　１時間２４分＝８４分　　７.１４km÷８４分＝０.０８５km/分…船の下りの速さ

３時間２４分＝２０４分　　７.１４km÷２０４分＝０.０３５km/分…船の上りの速さ

（０.０８５km/分－０.０３５km/分）÷２＝０.０２５km/分…流れの速さ

３５m/分＝０.０３５km/分

０.０３５km/分＋０.０２５km/分＝０.０６km/分…ボートの下りの速さ

７.１４km÷０.０６km/分＝１１９分…ボートでの下りの時間

０.０３５km/分－０.０２５km/分＝０.０１km/分…ボートの上りの速さ

７.１４km÷０.０１km/分＝７１４分…ボートでの上りの時間

１１９分＋７１４分＝８３３分＝１３時間５３分　　　<u>**１３時間５３分**</u>

テスト２－７　上りの速さを①とすると、下りの速さは②。　　（②＋①）÷２＝①.⑤…静水時の速さ

９km/時÷①.⑤＝６km/時…①の速さ＝上りの速さ

６km/時×２＝１２km/時…下りの速さ

６０km÷１２km/時＝５時間　　　　　　　　　<u>５時間</u>

解答

テスト2－8　上りの速さを①とすると、下りの速さは④。　（④＋①）÷2＝②.⑤…静水時の速さ

5km/時÷②.⑤＝2km/時…①の速さ＝上りの速さ

18km÷2km/時＝9時間　　　　　　　　　　　　　　　<u>9時間</u>

P24

テスト2－9　上りの速さを①とすると、下りの速さは③。

（③－①）÷2＝①…流れの速さ…上りの速さと等しい　　上りの速さ＝1.5km/時

12km÷1.5km/時＝8時間　　　　　　　　　　　　　　<u>8時間</u>

テスト2－10　上りの速さを①とすると、下りの速さは⑤。　（⑤－①）÷2＝②…流れの速さ

2km/時÷②＝1km/時…①の速さ＝上りの速さ

1km/時×5＝5km/時…下りの速さ

20km÷1km/時＝20時間　　　　20km÷5km/時＝4時間

20時間＋4時間＝24時間　　　　　　　　　　　　　　<u>24時間</u>

P28

問題18　1時間＝60分　　60分－10分＝50分…エンジンが動いていた時間

25m/分＋15m/分＝40m/分…エンジンがかかっているときの下りの速さ

40m/分×50分＝2000m　　15m/分×10分＝150m

2000m＋150m＝2150m　　　　　　　　　　　　　<u>2150m</u>

問題19　35m/分＋25m/分＝60m/分…エンジンがかかっているときの下りの速さ

60m/分×40分＝2400m　　2400m－2155m＝245m

60m/分－25m/分＝35m/分

245m÷35m/分＝7分…エンジンが止まっていた時間　　　<u>7分間</u>

問題20　1時間＝60分　　60分－10分＝50分…エンジンが動いていた時間

45m/分×50分＝2250m…静水時に進める距離

3450m－2250m＝1200m…1時間で流された距離

1200m÷60分＝20m/分…流れの速さ　　　　　　　<u>分速20m</u>

P29

問題21　2時間＝120分　　120分－2分＝118分…エンジンが動いていた時間

30m/分－25m/分＝5m/分…上りの速さ　　　5m/分×118分＝590m…上った距離

25m/分×2分＝50m…流された距離　　　590m－50m＝540m

<u>540m</u>

問題22　45m/分－15m/分＝30m/分…上りの速さ　　30m/分×50分＝1500m

1500m－1275m＝225m

30m/分＋15m/分＝45m/分…エンジンで上っている時と流されている時の速さの差

225m÷45m/分＝5分…流されていた時間　　　　　　<u>5分間</u>

問題23　1時間半＝90分　　90分－8分＝82分

55m/分×82分＝4510m…静水時に進める距離

4510m－2890m＝1620m…1時間半で流された距離

1620m÷90分＝18m/分…流れの速さ　　　　　　<u>分速18m</u>

解答

P30

テスト3－1　1時間5分＝65分　　65分－6分＝59分…エンジンが動いていた時間

28m/分＋15m/分＝43m/分…下りの速さ

43m/分×59分＝2537m　　15m/分×6分＝90m

2537m＋90m＝2627m　　　　　　　　　　　　　　　2627m

テスト3－2　3時間20分＝200分　　200分－13分＝187分…エンジンが動いていた時間

44m/分－23m/分＝21m/分…上りの速さ

21m/分×187分＝3927m…上った距離

23m/分×13分＝299m…流された距離　　3927m－299m＝3628m

3628m

テスト3－3　19m/分×4分＝76m…流された距離　　1311m＋76m＝1387m…上った距離

1時間17分＝77分　　77分－4分＝73分…上っていた時間

1387m÷73分＝19m/分…上りの速さ　　19m/分＋19m/分＝38m/分

分速38m

P31

テスト3－4　20m/分＋36m/分＝56m/分…下りの速さ　1時間23分＝83分

56m/分×83分＝4648m　　4648m－4216m＝432m

56m/分－20m/分＝36m/分　　432m÷36m/分＝12分　　12分間

テスト3－5　1時間12分＝72分　　10m/分×72分＝720m…流れの速さで下った距離

3262m－720m＝2542m…エンジンの力で下った距離

72分－10分＝62分…エンジンが動いていた時間

2542m÷62分＝41m/分　　　　　　　　　　　　　　分速41m

テスト3－6　35m/分－21m/分＝14m/分　　4時間10分＝250分

14m/分×250分＝3500m　　3500m－2415＝1085m

14m/分＋21m/分＝35m/分…エンジンで上っている時と流されている時の速さの差

1085m÷35m/分＝31分　　　　　　　　　　　　　　31分間

P32

テスト3－7　1時間35分＝95分　　95分－12分＝83分…エンジンが動いていた時間

39m/分×83分＝3237m…エンジンの力で下った距離

4947m－3237m＝1710m…流れの速さで下った距離

1710m÷95分＝18m/分　　　　　　　　　　　　　　分速18m

テスト3－8　22m/分×59分＝1298m…流れの速さで下った距離

3178m－1298m＝1880m…エンジンの力のみで下った距離

1880m÷40m/分＝47分…エンジンで下った時間

59分－47分－4分＝8分　　　　　　　　　　　　　　8分間

P33

テスト3－9　5時間＝300分　　300分－28分＝272分…エンジンが動いていた時間

42m/分×272分＝11424m…エンジンの力で上った距離

11424m－4224m＝7200m…5時間で下に流された距離

7200m÷300分＝24m/分　　　　　　　　　　　　　分速24m

解答

テスト３－１０　　３７ｍ／分－１５ｍ／分＝２２ｍ／分…上りの速さ　　２時間１６分＝１３６分

　　　　　　　　２２ｍ／分×１３６分＝２９９２ｍ　　２９９２ｍ－２６５９ｍ＝３３３ｍ

　　　　　　　　２２ｍ／分＋１５ｍ／分＝３７ｍ／分…エンジンで上っている時と流されている時の速さの差

　　　　　　　　３３３ｍ÷３７ｍ／分＝９分　　　９分－６分＝３分　　　　　　　<u>３分間</u>

P３７

問題２４　　１２ｍ／分×１３分＝１５６ｍ…船ａが故障して流された距離

　　　　　　３５ｍ／分－１２ｍ／分＝２３ｍ／分…船ｂの上りの速さ

　　　　　　２３ｍ／分×１３分＝２９９ｍ…船ｂが１３分で上った距離

　　　　　　６１２５ｍ－１５６ｍ－２９９ｍ＝５６７０ｍ…２つの船がともに走っていた距離

　　　　　　３５ｍ／分＋３５ｍ／分＝７０ｍ／分…２つの船の向かい合う速さ

　　　　　　５６７０ｍ÷７０ｍ／分＝８１分　　８１分＋１３分＝９４分＝１時間３４分

　　　　　　　　　　　　　　　　　　　　　　　　　　　　<u>１時間３４分後</u>

問題２５　　０.３時間＝１８分　　１５ｍ／分×１８分＝２７０ｍ…船ｂが流された距離

　　　　　　４０ｍ／分＋１５ｍ／分＝５５ｍ／分…船ａが下る速さ

　　　　　　５５ｍ／分×１８分＝９９０ｍ…船ａが１８分で下った距離

　　　　　　８.８８km＝８８８０ｍ

　　　　　　８８８０ｍ＋２７０ｍ－９９０ｍ＝８１６０ｍ…２つの船がともに走っていた距離

　　　　　　４０ｍ／分＋４０ｍ／分＝８０ｍ／分…２つの船の向かい合う速さ

　　　　　　８１６０ｍ÷８０ｍ／分＝１０２分　　　１０２分＋１８分＝１２０分＝２時間　<u>２時間後</u>

P３８

問題２６　　１４ｍ／分＋１２ｍ／分＝２６ｍ／分…船イの下りの速さ

　　　　　　５.０７km＝５０７０ｍ　　　５０７０ｍ÷２６ｍ／分＝１９５分…Ｂ町に着くまでの時間

　　　　　　２６ｍ／分＋１２ｍ／分＝３８ｍ／分…船アの下りの速さ　　　３８ｍ／分×１９５分＝７４１０ｍ

　　　　　　７４１０ｍ－５０７０ｍ＝２３４０ｍ　　　３８ｍ／分－１２ｍ／分＝２６ｍ／分

　　　　　　２３４０ｍ÷２６ｍ／分＝９０分　　　　　　　　　　　　　　　　<u>９０分間</u>

問題２７　　３０ｍ／分－１６ｍ／分＝１４ｍ／分…船イの上りの速さ

　　　　　　２.８km＝２８００ｍ　　　２８００ｍ÷１４ｍ／分＝２００分…Ａ町に着くまでの時間

　　　　　　４８ｍ／分－１６ｍ／分＝３２ｍ／分…船アの上りの速さ　　　３２ｍ／分×２００分＝６４００ｍ

　　　　　　６４００ｍ－２８００ｍ＝３６００ｍ　　　３２ｍ／分＋１６ｍ／分＝４８ｍ／分

　　　　　　３６００ｍ÷４８ｍ／分＝７５分　　　　　　　　　　　　　　　　<u>７５分間</u>

P３９

テスト４－１　　１０ｍ／分×７分＝７０ｍ…船ａが流された距離

　　　　　　　　５０ｍ／分－１０ｍ／分＝４０ｍ／分…船ｂの上りの速さ

　　　　　　　　４０ｍ／分×７分＝２８０ｍ…船ｂが７分間で上った距離

　　　　　　　　３４６６ｍ－７０ｍ－２８０ｍ＝３１１６ｍ…２つの船がともに走っていた距離

　　　　　　　　３２ｍ／分＋５０ｍ／分＝８２ｍ／分…２つの船の向かい合う速さ

　　　　　　　　３１１６ｍ÷８２ｍ／分＝３８分　　３８分＋７分＝４５分　　　<u>４５分後</u>

テスト４－２　　５分間＝３００秒　　０.２ｍ／秒×３００秒＝６０ｍ…船ｂが流された距離

　　　　　　　　０.５ｍ／秒＋０.２ｍ／秒＝０.７ｍ／秒…船ａが下る速さ

　　　　　　　　０.７ｍ／秒×３００秒＝２１０ｍ…船ａが５分で下った距離

解答

6.78km＝6780m

6780m＋60m－210m＝6630m…2つの船がともに走っていた距離

0.5m/秒＋0.8m/秒＝1.3m/秒…2つの船の向かい合う速さ

6630m÷1.3m/秒＝5100秒＝85分

85分＋5分＝90分＝1.5時間　　　　　　　　　　　　　　　<u>1.5時間後</u>

P40

テスト4－3　　20m/分＋11m/分＝31m/分…船イの下りの速さ

1860m÷31m/分＝60分…B町に着くまでの時間

30m/分＋11m/分＝41m/分…船アの下りの速さ

41m/分×60分＝2460m　　2460m－1860m＝600m

41m/分－11m/分＝30m/分　　600m÷30m/分＝20分

<u>20分間</u>

テスト4－4　　0.2m/秒＝12m/分　　42m/分－12m/分＝30m/分…船イの上りの速さ

2.4km＝2400m　　2400m÷30m/分＝80分…A町に着くまでの時間

0.8m/秒＝48m/分　　48m/分－12m/分＝36m/分…船アの上りの速さ

36m/分×80分＝2880m　　2880m－2400m＝480m

36m/分＋12m/分＝48m/分　　480m÷48m/分＝10分

<u>10分間</u>

P41

テスト4－5　出発と同時に船aが故障したとすると

13m/分×4分＝52m…船aが流された距離

45m/分－13m/分＝32m/分…船bの上りの速さ

4分－3分＝1分…船aが流されていた4分間のうち、船bが進めるのは1分間

32m/分×1分＝32m…船bが1分間で上った距離

984m－52m－32m＝900m…2つの船がともに走っていた距離

30m/分＋45m/分＝75m/分…2つの船の向かい合う速さ

900m÷75m/分＝12分　　12分＋4分＝16分　　　　　　　<u>16分後</u>

テスト4－6　　12m/分×2分＝24m…船bが流された距離

28m/分＋12m/分＝40m/分…船aが下る速さ

40m/分×5分＝200m…船aが、船bが出発する前5分間に下った距離

40m/分×2分＝80m…船aが、船bが故障している間に下った距離

1797m＋24m－200m－80m＝1541m…2つの船がともに走っていた距離

28m/分＋39m/分＝67m/分…2つの船の向かい合う速さ

1541m÷67m/分＝23分

23分＋5分＋2分＝30分＝0.5時間　　　　　　　　　　　<u>0.5時間後</u>

P42

テスト4－7　　18m/分＋14m/分＝32m/分…船イの下りの速さ

2784m÷32m/分＝87分…船イがB町に着くまでの時間

20m/分＋14m/分＝34m/分…船アの下りの速さ

34m/分×9分＝306m…船アが船イより9分先に進んだ距離

2784m－306m＝2478m…船アが87分で進んだ距離

解答

34m/分×87分＝2958m　　2958m－2478m＝480m

34m/分－14m/分＝20m/分　　480m÷20m/分＝24分　　<u>24分間</u>

テスト4－8　25m/分－9m/分＝16m/分…船アの上りの速さ

3.6km＝3600m

3600m÷16m/分＝225分…船アがA町に着くまでの時間

1時間5分＝65分　　225分－65分＝160分…船イがA町に着くまでの時間

35m/分－9m/分＝26m/分…船イの上りの速さ

26m/分×160分＝4160m　　4160m－3600m＝560m

26m/分＋9m/分＝35m/分　　560m÷35m/分＝16分　　<u>16分間</u>

P43

テスト4－9　10m/分×4分＝40m…船イが流された距離　　1640m＋40m＝1680m

40m/分－10m/分＝30m/分…船イの上りの速さ

1680m÷30m/分＝56分

56分＋4分＝60分…B町からA町までにかかった時間

44.8m/分－10m/分＝34.8m/分…船アの上りの速さ

34.8m/分×60分＝2088m　　2088m－1640m＝448m

34.8m/分＋10m/分＝44.8m/分　　448m÷44.8m/分＝10分

<u>10分間</u>

テスト4－10　同じ時間故障していたということは、同じ距離だけ流されたということ。だから2つの船の向かい合わせに動いた距離は、A町とB町の距離9288mに等しい。

41m/分＋45m/分＝86m/分

9288m÷86m/分＝108分…故障していない場合の、2船が出会うまでの時間

108分＋12分＝120分＝2時間

M.acceess 学びの理念

☆学びたいという気持ちが大切です
　勉強を強制されていると感じているのではなく、心から学びたいと思っていることが、子どもを伸ばします。

☆意味を理解し納得する事が学びです
　たとえば、公式を丸暗記して当てはめて解くのは正しい姿勢ではありません。意味を理解し納得するまで考えることが本当の学習です。

☆学びには生きた経験が必要です
　家の手伝い、スポーツ、友人関係、近所付き合いや学校生活もしっかりできて、「学び」の姿勢は育ちます。
　生きた経験を伴いながら、学びたいという心を持ち、意味を理解、納得する学習をすれば、負担を感じるほどの多くの問題をこなさずとも、子どもたちはそれぞれの目標を達成することができます。

発刊のことば

　「生きてゆく」ということは、道のない道を歩いて行くようなものです。「答」のない問題を解くようなものです。今まで人はみんなそれぞれ道のない道を歩き、「答」のない問題を解いてきました。

　子どもたちの未来にも、定まった「答」はありません。もちろん「解き方」や「公式」もありません。

　私たちの後を継いで世界の明日を支えてゆく彼らにもっとも必要な、そして今、社会でもっとも求められている力は、この「解き方」も「公式」も「答」すらもない問題を解いてゆく力ではないでしょうか。

　人間のはるかに及ばない、素晴らしい速さで計算を行うコンピューターでさえ、「解き方」のない問題を解く力はありません。特にこれからの人間に求められているのは、「解き方」も「公式」も「答」もない問題を解いてゆく力であると、私たちは確信しています。

　M.access の教材が、これからの社会を支え、新しい世界を創造してゆく子どもたちの成長に、少しでも役立つことを願ってやみません。

思考力算数練習帳シリーズ
シリーズ４９　流水算　（小数範囲）

初版　第２刷
　　　編集者　M.access（エム・アクセス）
　　　発行所　株式会社　認知工学
　　　〒６０４—８１５５　京都市中京区錦小路烏丸西入ル占出山町 308
　　　電話　（０７５）２５６—７７２３　　email：ninchi@sch.jp
　　　郵便振替　０１０８０—９—１９３６２　株式会社認知工学

ISBN978-4-86712-049-1　　C-6341　　　　A490223II　M

定価＝　本体５００円　＋税